獻給 *Arianna*、*Lucia* 和 *Sabrina*
我的美人魚朋友們
琪雅拉·卡米納提

獻給我的母親，她教會我游泳和觀看
給 *Chicco*、*Marta* 和 *Pietro*，我跟他們都愛游泳和觀看
露琪雅·斯庫德利

詩文出處

儒勒·凡爾納（Jules Verne），《海底兩萬哩》（*Vingt mille lieues sous les mers*）
羅卡（Federico García Lorca），〈貝殼〉（*Caracola*）
歌德（Johann Wolfgang Goethe），〈漁夫〉（*Der Fischer*）
惠特曼（Walt Whitman），〈海中有世界〉（*The World Below the Brine*）
拜倫勛爵（Lord Byron），〈海洋〉（*The Ocean*）
D·H·勞倫斯（David Herbert Lawrence），〈小魚〉（*Little Fish*）
艾里亞諾（Claudio Eliano），《動物的大自然》（*La natura degli animali*）
克莉絲汀娜·羅塞蒂（Christina G. Rossetti），〈在海邊〉（*By the Sea*）
瑪麗安·摩爾（Marianne Moore），〈水母〉（*A Jellyfish*）
鄧南遮（Gabriele D'Annunzio），〈波浪〉（*L'onda*）
莫根斯騰（Christian Morgenstern），〈晚上唱歌的魚〉（*Fisches Nachtgesang*）
奧莉薇亞·瓦倫坦（Olivia Valentine），〈只有海〉（*Rien que la mer*），未發表作品
吉卜齡（Rudyard Kipling），〈跟海玩耍的螃蟹〉（*The Crab that Played with the Sea*）
塔帕利（Pietro Tappari），〈說謊的人發明了詩〉（*Chi dice le bugie inventa le poesie*），未發表作品
當娜泰拉·畢蘇提（Donatella Bisutti），〈魚〉（*Pesci*）
聶魯達（Pablo Neruda），〈抹香鯨之齒頌歌〉（*Oda al diente de cachalote*）
D·H·勞倫斯（David Herbert Lawrence），〈鯨魚別哭！〉（*Whales Weep Not!*）

參考書目

卡塔比亞尼（Alfredo Cattabiani），《水族館》（*Acquario*）
雅克·庫斯托（Jacques Cousteau），《海洋》（*Oceani*）
隆格－基雷提－雷娜三人合著（Longo-Ghiretti-Renna），《水生動物》（*Aquatilia*）
米什萊（Jules Michelet），〈海〉（*La mer*）
法蘭克·薛慶（Frank Schätzing），《水的世界。揭露海中的生活》（*Nachrichten aus einem unbekannten Universum*）
特拉尼托（Egidio Trainito），《地中海動植物地圖大全》（*Atlante di flora e fauna del Mediterraneo*）
米蒂·維里耶洛·拉米（Mitì Vigliero Lami），《神奇的歐洲鰻》（*L'alice delle meraviglie*）

原著書名／Mare
作　者／琪雅拉·卡米納提（Chiara Carminati）
插　畫／露琪雅·斯庫德利（Lucia Scuderi）
譯　者／黃芳田

總 編 輯／王秀婷
副 主 編／李華
責任編輯／張倚禎
版　權／徐昉驊
行銷業務／黃明雪

發 行 人／涂玉雲
出　版／積木文化
　　104台北市民生東路二段141號5樓
　　電話：(02) 2500-7696｜傳真：(02) 2500-1953
　　官方部落格：www.cubepress.com.tw
　　讀者服務信箱：service_cube@hmg.com.tw

發　行／英屬蓋曼群島商家庭傳媒股份有限公司城邦分公司
　　台北市民生東路二段141號11樓
　　讀者服務專線：(02)25007718-9｜24小時傳真專線：(02)25001990-1
　　服務時間：週一至週五上午09:30-12:00、下午13:30-17:00
　　郵撥：19863813｜戶名：書虫股份有限公司
　　網站：城邦讀書花園 www.cite.com.tw

香港發行所／城邦（香港）出版集團有限公司
香港灣仔駱克道193號東超商業中心1樓
電話：852-25086231｜傳真：852-25789337
電子信箱：hkcite@biznetvigator.com

馬新發行所／城邦（馬新）出版集團 Cite (M) Sdn Bhd
Cité (M) Sdn. Bhd. (458372U)
41, Jalan Radin Anum, Bandar Baru Sri Petaling, 57000 Kuala Lumpur, Malaysia.
電話：603-90578822｜傳真：603-90576622
電子信箱：cite@cite.com.my

Text translated into Complex Chinese © Cube Press 2016
© 2013-2016 Rizzoli Libri S.p.A., Milan
© 2013 RCS Libri S.p.A, Milano
Seconda edizione Rizzoli novembre 2015
Tutti i diritti sono riservati

Special thanks to biologist Annarita Di Pascoli for her affectionate supervision
Graphic design by Mariagrazia Rocchetti

封面設計／曲文瑩
內頁排版／張倚禎
製版印刷／上晴彩色印刷製版有限公司
2017年3月2日　初版一刷
2022年7月28日　初版二刷
售價／650元
ISBN：978-986-459-078-0

城邦讀書花園
www.cite.com.tw

Printed in Taiwan

海

CHIARA CARMINATI
琪雅拉・卡米納提 著

LUCIA SCUDERI
露琪雅・斯庫德利 繪

黃芳田 譯

積木文化

您愛海，船長。
──是的，我愛她！海就是一切！
她覆蓋了地球十分之七的面積。她的呼吸純淨又健康。
她是遼闊無人的廣漠，但人卻從不會孤單，
因為能感覺到生命就在她身邊顫動著。
海是一種承載著奇妙又超自然存在的載體，
她全是動與愛，是活生生的永無止境，
一如我們詩人所說過的。

──法國小說家　儒勒・凡爾納（Jules Verne）
《海底兩萬哩》（*Vingt mille lieues sous les mers*）

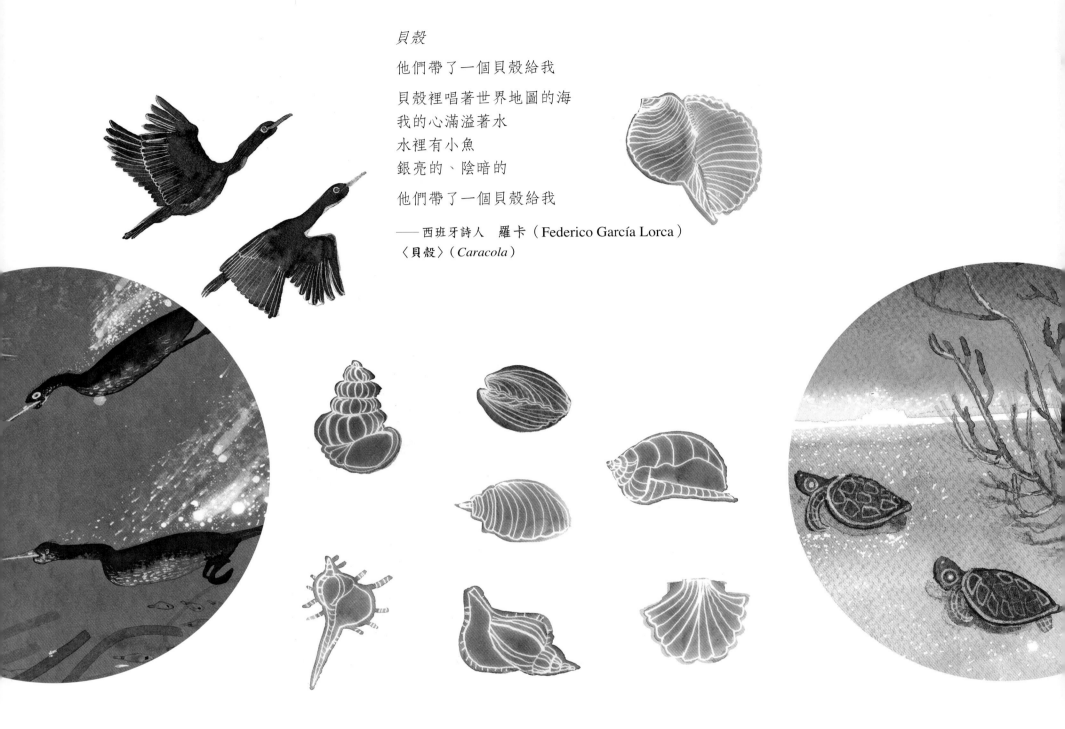

貝殼

他們帶了一個貝殼給我

貝殼裡唱著世界地圖的海
我的心滿溢著水
水裡有小魚
銀亮的、陰暗的

他們帶了一個貝殼給我

——西班牙詩人　羅卡（Federico García Lorca）
〈貝殼〉（*Caracola*）

貝殼是水中生物，卻能與空氣共鳴，其形狀也和人耳相似，因此之故，貝殼成為話語力量的符號；也成為詩歌之母「辯才天女」（Sarasvatī）的象徵。

有些海鳥雖然生活在空中，但在水裡也非常出色，例如鸕鷀是令人驚異的潛泳者，為了捕魚餵飽自己，甚至能潛泳到深達八十公尺的海裡。

海 這個字在義大利文裡，是陰性且不可數的。
我像首歌一般升向月亮，然後又回來擁抱大地，
我一直邀請著你，跟著我，躺在浪潮的搖籃裡，
在我懷裡溜滑著，並忘掉你所認識的空氣。
我是滋養的水，也是呼吸的水。

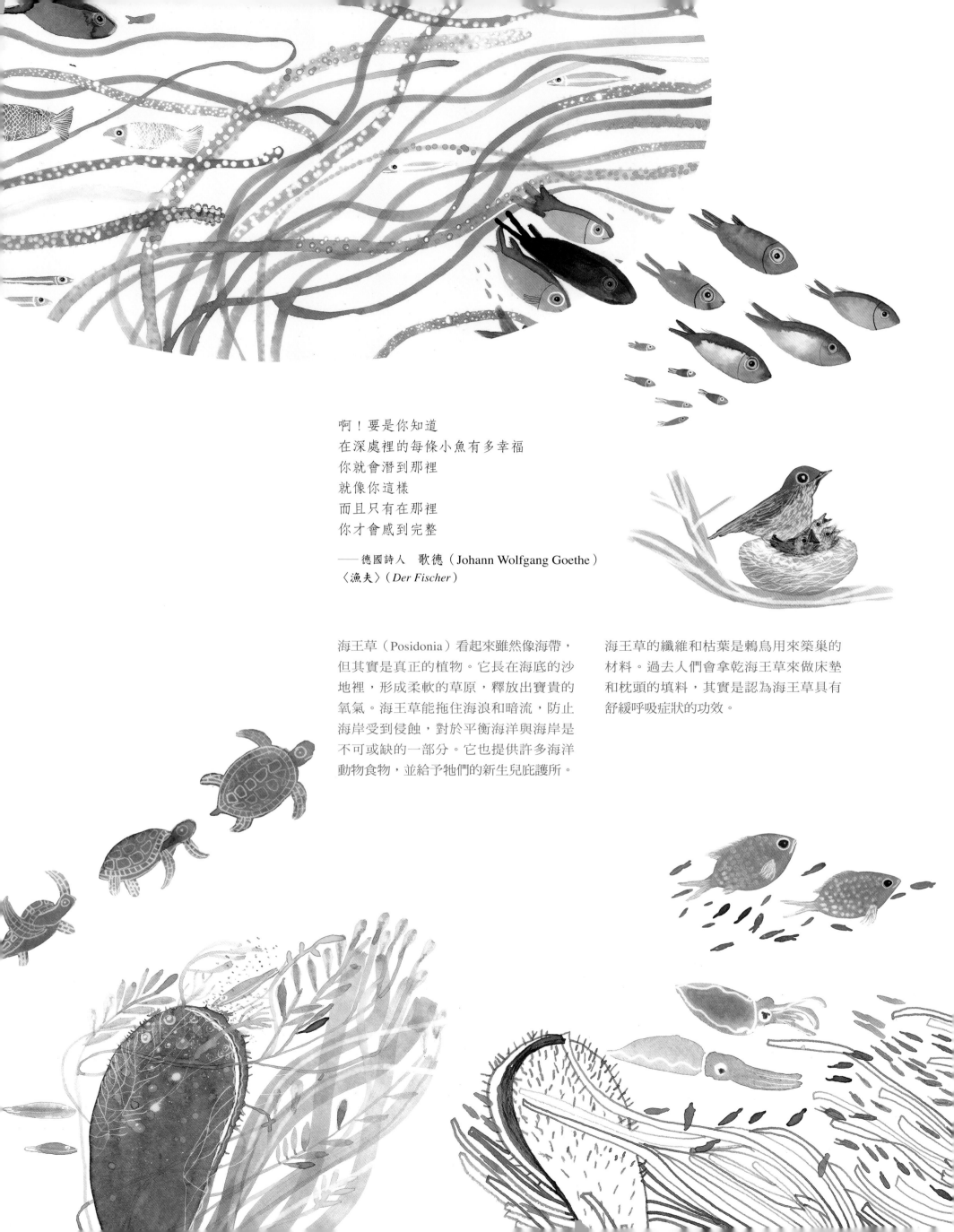

啊！要是你知道
在深處裡的每條小魚有多幸福
你就會潛到那裡
就像你這樣
而且只有在那裡
你才會感到完整

——德國詩人　歌德（Johann Wolfgang Goethe）
〈漁夫〉（*Der Fischer*）

海王草（Posidonia）看起來雖然像海帶，
但其實是真正的植物。它長在海底的沙
地裡，形成柔軟的草原，釋放出寶貴的
氧氣。海王草能拖住海浪和暗流，防止
海岸受到侵蝕，對於平衡海洋與海岸是
不可或缺的一部分。它也提供許多海洋
動物食物，並給予牠們的新生兒庇護所。

海王草的纖維和枯葉是鶇鳥用來築巢的
材料。過去人們會拿乾海王草來做床墊
和枕頭的填料，其實是認為海王草具有
舒緩呼吸症狀的功效。

外 表看起來是藍色，
但我的藍包含了很多層次：
靛藍、電藍、午夜藍、葡萄綠、地衣綠、
粉綠、翠綠、土灰、粉藍、鋼青、碧藍、
孔雀藍、土耳其藍、晶瑩白、奶白、
薄荷綠、薄荷奶綠、冰白、鈷藍、

寶石藍、青金藍、長春花藍、粉紅、
天藍、鴨綠、苔綠、琺瑯綠、亮藍、
淺灰、膽綠、蜻蜓綠、月白、月桂綠、
羽白、正藍、蕾絲白、糖衣藍、粉紫、
深紫、淤紫、銀色。

海中有世界。

那兒的森林有枝椏、樹葉、海帶、廣闊的地衣、奇異的種子和花朵，

濃密糾結、盛開，還有粉紅的草地，各種不同的色彩，

淺灰、綠色、紫色、白色和金色，還有在水裡戲耍的光線。

靜默無語的生物游在礁石、珊瑚、滑溜之物、草、蘆葦，以及牠們的食物之間，

不活躍的生命在那裡懸浮覓食著，又或者緩緩落到海底……

—— 美國詩人　惠特曼（Walt Whitman）

〈海中有世界〉（*The World Below the Brine*）

在海底沙地上的沉船或岩層，會形成充滿生命的小宇宙，為小魚及其他海生動物提供棲身之所，也為不同種類的海藻和海綿提供家園。

有很長一段時間，海綿被誤認為是植物，因為形狀和顏色包羅萬象，而且也不會移動。根據羅馬作家艾里亞諾（Claudio Eliano）的看法，海綿在某種程度上太像裝飾品了，以致於幾乎不會有人記得牠們是活的生物。

還有色彩繽紛的海藻，可以發現牠們有無數形狀和一致性：枕頭狀、樹狀、扇狀、吊燈狀以及小圓盤狀，有很巨大或很細小的葉子，有的像果凍，有的像結了硬殼。

小魚

小魚們自得其樂
在海中
敏捷的生命小碎片
牠們的小生命就是牠們的喜悅
在海中

——英國詩人　D・H・勞倫斯（David Herbert Lawrence）
〈小魚〉（*Little Fish*）

沙丁魚不像鯷魚一樣有牙齒，牠們必需靠浮游生物維生。沙丁魚平時生活在外海，一旦到了夏季，便會游近海岸開始繁殖，並且產下成千上萬顆的魚卵。每粒魚卵都含有一滴油，能使魚卵浮在水中。

鯷魚是海中的白銀，魚鱗遍布會反光的細小薄片，當光線照到時彷彿發出耀眼的光輝。
據說鯷魚會「變成球」，這是因為鯷魚在抵抗食肉魚的攻擊時，會團結在一起，形成半球形的魚群，且動作完全一致，才能看起來像一隻體積龐大的動物。

艾里亞諾說：「當這些魚群排列形成如此緊密時，就算是一艘小船划進其中，也無法將牠們打散。即使將一把槳或一根桿放到魚群中，也沒辦法把牠們分開，反倒會讓牠們更緊密地聚在一起，宛如把紡紗線織成了布一般。」

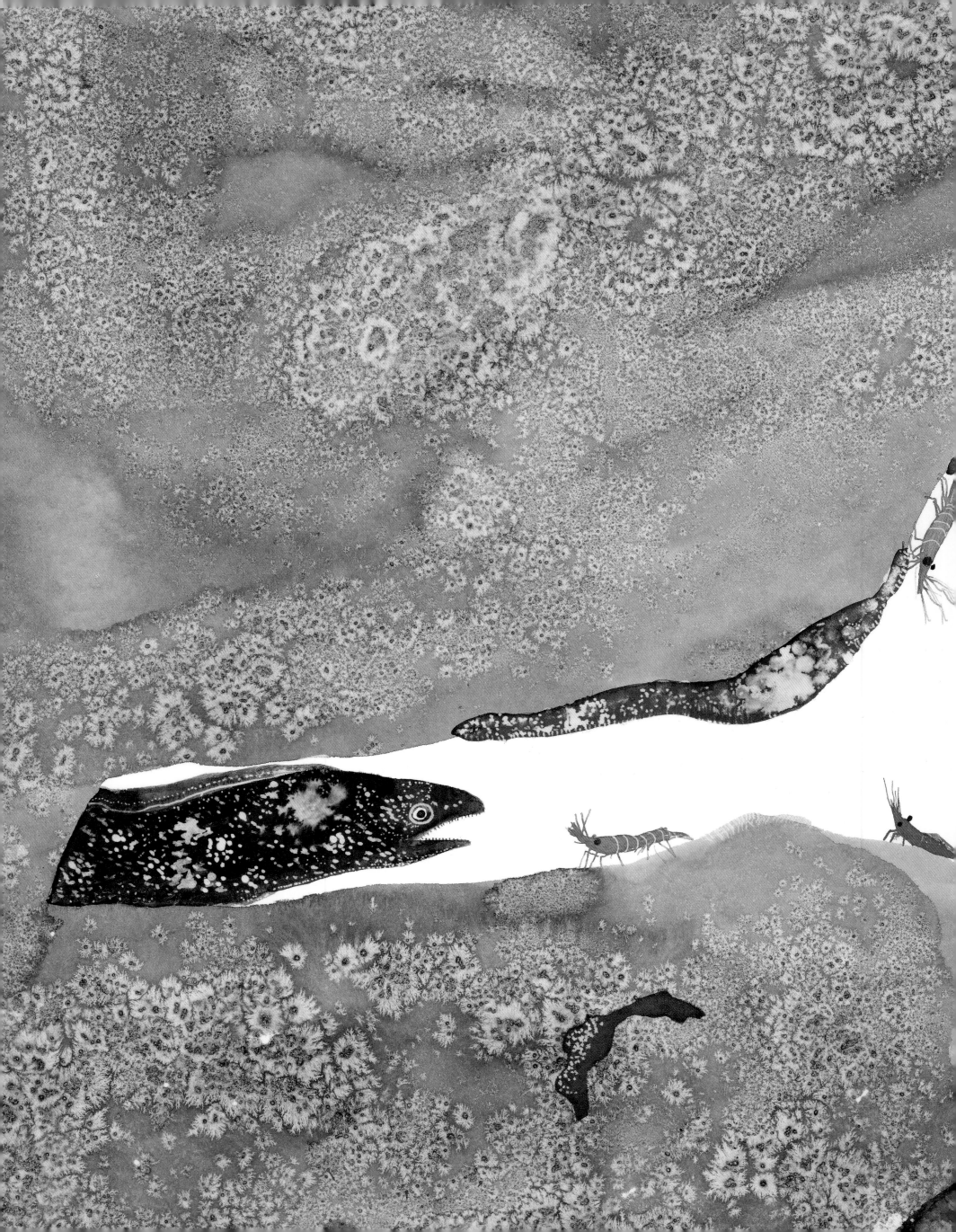

我 混合了河水，河水的沙和礦物都遺失在這裡。
我以擁抱和愛撫向岩石求愛，日復一日，
以耐心挖開了石頭，
連最頑強的抵抗也都屈服了，
即使沒有磨盡，
也磨去了稜角，形成波浪狀。
我所到之處，萬物都欣欣向榮。

珊瑚屬於珊瑚綱（*anthozoa*），這個詞的意思
是「花一般的動物」。有很長的時間這種生物
的定義不明，因為牠們既有礦物的特徵，也
有植物和動物的特徵。

紅珊瑚在古代稱為「血石」，被認為能夠保佑
人們免受閃電和火的侵害，也能免於被海裡
的動物所傷。

珊瑚的誕生可以追溯到古希臘神話柏修斯的
故事。古羅馬詩人奧維德（Ovidio）敘述了
這個英雄的事跡，在柏修斯殺了蛇髮女妖梅
杜莎之後，打算洗淨染血的雙手，於是把妖
怪的頭顱放在一堆海中植物上。由於頭顱具
有石化的魔力，一碰到植物後，樹枝立刻變
硬，形成了最初的珊瑚。

種種純美奇蹟
隱藏在目光之外的海床上
海葵在鹹水中不動聲色
盛開如花朵、盡力地活著
為了開花、繁殖、蓬勃茂盛

—— 英國詩人　克莉絲汀娜‧羅塞蒂（Christina G. Rossetti）
〈在海邊〉（*By the Sea*）

「花一般的動物」也包括了海葵（Actiniaria），
稱為海葵並非偶然。在某些種類的寄居蟹殼上，
經常可以發現附著的海葵，那是寄居蟹邀請海葵
搬到自己的背上來住，寄居蟹用特別的蟹螯把海
葵從岩石上抓起來放到自己背上。

這是一種完美的共生現象。寄居蟹能受到海葵的
刺觸鬚保護，海葵則是能很方便地被帶著到處
走，覓食也變得容易許多。當寄居蟹要換到新殼
寄居時，同樣也會邀請海葵住到牠的新家。

水母

忽隱，忽現
漂浮波動的奇景
裡面就像住著琥珀色的紫水晶
你的手臂靠近，而牠忽開忽合
你本來打算要抓住牠，而牠顫抖著
於是你放棄了這個念頭

——美國詩人　瑪麗安・摩爾（Marianne Moore）
〈水母〉（*A Jellyfish*）

一切都不變，除了海浪洶湧的遊戲，
歲月不曾在你藍色的臉上留下痕跡。

——英國詩人　拜倫勳爵（Lord Byron）
〈海洋〉（*The Ocean*）

沖刷、搖晃
猛然傾瀉、轟然作響
撞碎崩潰、隆隆聲
笑著、唱著
時而一致、時而不一致
在她渦捲深處
接納著一切並融合尖銳的不協調
自由又美麗
為數眾多而大
既剛且柔
眾生享受著她那稍縱即逝的神祕

——義大利詩人　鄧南遮（Gabriele D'Annunzio）
〈波浪〉（L'onda）

在海浪的表演中，風不是唯一的演員，
在幕後，海面之下，潮流也扮演了重要的角色。
潮流因為不同的水溫與海水密度而產生，水中鹽分愈高，密度也就愈
高，因此會向下沉。雖然說的是鹽，但正確來說應該是好幾種礦物質，
除了氯化鈉，也就是一般在廚房裡用的鹽之外，海水中的礦物質還有
鉀、鈣和鎂。

有些海鳥如海鷗以及海燕等，擁有一種鹽腺，可以幫牠們排除在食
物中所吃下的過多鹽分。

魚所唱的夜曲

——德國詩人　莫根斯騰（Christian Morgenstern）
〈晚上唱歌的魚〉（*Fisches Nachtgesang*）

螃蟹定期要換殼，也就是說，每年都有幾個時期，牠們沒有蟹殼的保護。英國作家吉卜齡（Ru-dyard Kipling）在〈跟海玩耍的螃蟹〉（*The crab that played with sea*）的故事裡提到，失去甲殼是泡阿瑪（Pau Amma）遭到的懲罰。泡阿瑪是天地始創時最初的一隻巨蟹，因為不服從古老魔法師而被懲罰，當泡阿瑪向魔法師求情，讓牠再擁有甲殼時，魔法師只允許牠一年有十一個月能擁有甲殼，而且縮小牠的體型，免得牠太目中無人。

不過這也換得了海陸雙棲的生存能力，而且人類的女兒還贈送牠一把金剪刀，這把剪刀後來變成了牠寶貴的雙螯。

只有在天空，只有在海裡
有空間去變成星星

——奧莉薇亞・瓦倫坦（Olivia Valentine）
〈只有海〉（*Rien que la mer*）

你 用盡方法在我的水中留下痕跡，
你以為能征服我的空間，
但就像船行過處的浪痕會自動合攏，
我也會這樣把我收到的都帶回給你，
所以保護我，就是保護你自己。

在很多宇宙起源說中都能看到，龜是支撐宇宙以及宇宙本身的象徵。
這美麗的動物既長壽又有著古老的外表，但其實卻是最受到威脅的物種。
除了海洋汙染、船隻造成的事故、意外誤捕，以及難覓適合產卵的沙灘之外，海龜還得跟我們的垃圾算帳，因為牠們以水母為食，卻因此經常誤吃塑膠袋，導致堵塞和窒息。

油船以及外海鑽油井所造成的環境災害，皆惡名昭彰且令人難過，就如同工業化捕魚所造成的傷害一樣。
然而，每個人都可以成為判處海洋死刑或是拯救海洋的主角，這就要看我們日常生活中的小小舉動而定了。
所有扔在海灘上、街道上、河裡，以及家中廢水渠的東西，都有流入海中的風險，對動物以及環境都會造成嚴重的傷害，而汙染海洋的塑膠袋，有百分之八十都來自於陸地。

有 時我的皮膚會因為笑容和戲耍的喜悅而張開，
這時繃緊的水平線驚動起來，宛如受到一陣最緊密浪潮的衝擊，
接著立即沉下來，然後又回來、追趕、上漲。
你看著起伏波動的魚鰭；看著不受重力牽引的優雅泳姿，
然後你聽那古老的召喚聲，讓人產生難以抗拒想回到水裡的慾望。

芬蘭的傳說提到,當歌神叫每一種生物各選其
適合的聲音時,在水裡的魚並沒有聽到這個消
息,但卻察覺到別的生物嘴巴開始又張又合,
於是魚兒們也決定照做。這就是為什麼從那時
起,魚的嘴又開又合但卻沒有發出聲音。其實
科學家早就證實了魚並非「不發一語」,事實
上,牠們是用很多種聲音訊號彼此聯繫的。

魚的身體遍覆黏液,使得牠們在水中易於滑
動。由於其動作順暢、有節奏又蜿蜒曲折,法
國史學家米什萊(Jules Michelet)把魚定義為
「有組織的水中動物」。

不是水要漲高，而是大地深了。

——塔帕利（Pietro Tappari）
〈說謊的人發明了詩〉（*Chi dice le bugie inventa le poesie*）

是 時候回到你來的地方了。
潛入進去，讓你沉到深不可見之處。在這裡，你遨遊，宛如風在草間翔翔——
不觸地面、不留蹤跡、不需要羽翼，輕柔如手穿過髮間，就像魚才會的遨遊。
你將從水下學會怎樣活動自己，從鹽裡學會怎麼融化。
而遠方，在一片藍色之中，你會聽到一種血液的共鳴，跟你共譜韻律。

魚

緩緩落向陰影中
輾轉反側中的激昂魚兒們

無拘無束——在水中
如此易於開，也易於合

——義大利詩人　當娜泰拉·畢蘇提（Donatella Bisutti）
〈魚〉（Pesci）

大多數的魚之所以能移動，要歸功於尾鰭的擺動，以及魚身的波動，而魚尾形狀也關係著牠們的游動方式。游泳速度很快的魚有著半月形魚尾，比較寬大或圓形的魚鰭則長在那些衝刺動作很小，或在小範圍內游動的魚身上。

通常在大型肉食魚如鯊魚等身邊，往往可以看見另一種很小的魚，稱為「領航魚」。其名來自於牠們是出了名的好顧問。以前認為這種魚會通知大型魚重要情報，例如：危險、食物、不適合大魚活動的領域等。
但根據法國生態學家雅克·庫斯托（Jacques Cousteau）的看法，事實上，領航魚之所以游在鯊魚和魟魚前面，是藉這些大型魚游動時所產生的壓力波帶著一起走。

學名 Zeus faber 的魴魚，也叫「聖彼得魚」。魚身兩側的兩個黑點特徵，傳說是耶穌曾指點聖彼得，讓他抓住了魚，從魚的口中找出一枚錢幣，為了不讓魚溜走，所以用兩隻手指緊緊抓著，因此就在魚的身上留下了兩個圓點。

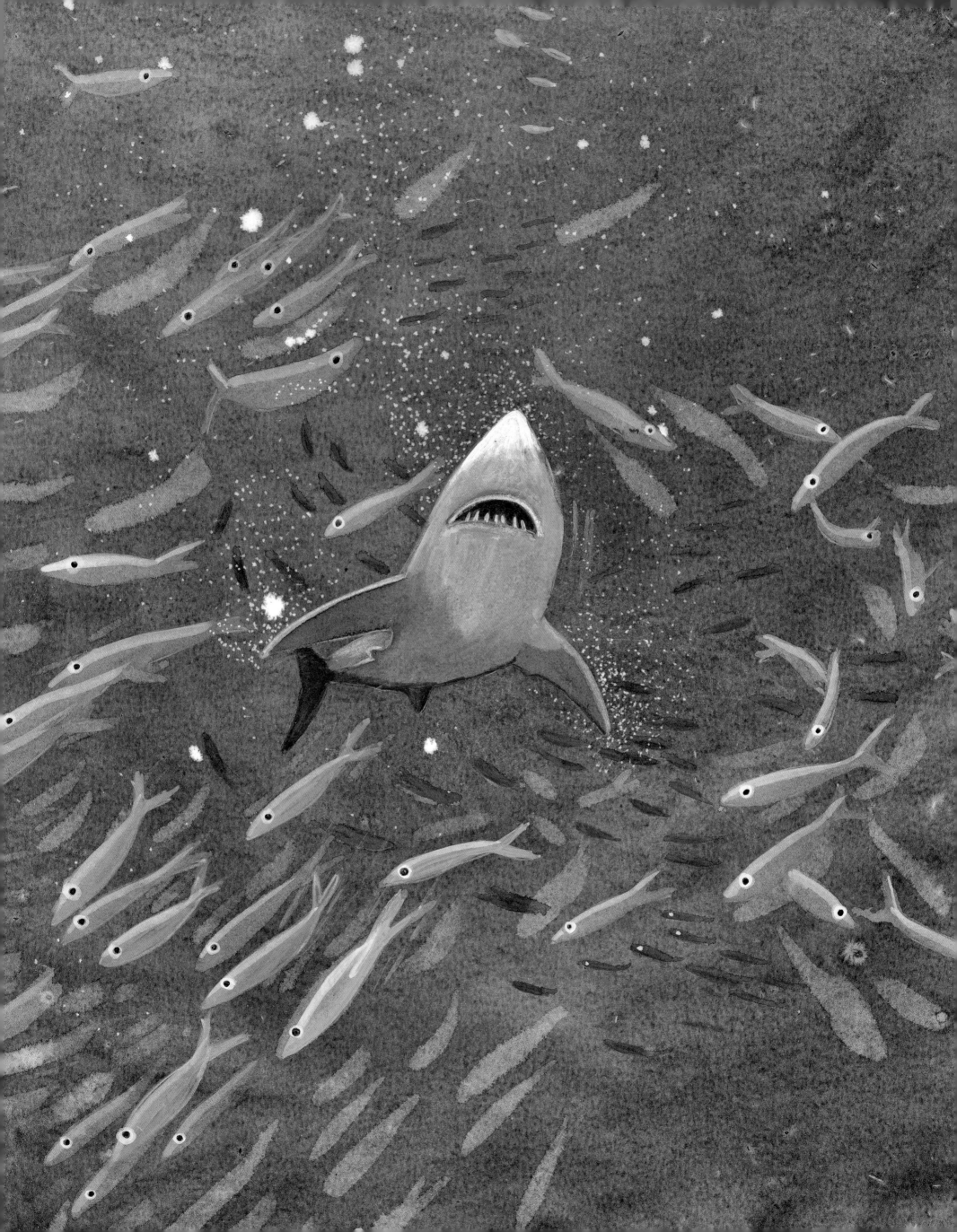

然而
在那底下
海是一座塔
崩塌又重建
沸滾的大鍋
鉛灰的大浪
海藻在水的背上滑溜著
如同在打著哆嗦

——智利詩人 聶魯達（Pablo Neruda）
〈抹香鯨之齒頌歌〉（*Oda al diente de cachalote*）

古希臘作家希羅多德（Herodotus）敘述希臘詩人
兼樂師亞雷恩（Arion）的遭遇時，提到亞雷恩在
一次航海中，遭到水手搶劫，被逼跳海。亞雷恩
以彈奏七弦琴作為臨死前的最後一個願望，就在
演奏完跳入海後，有一隻海豚被音樂吸引過來，
救了他，把他戴到陸地上。亞雷恩為了答謝海
豚，便寫了一首《詩歌的熱愛者》。

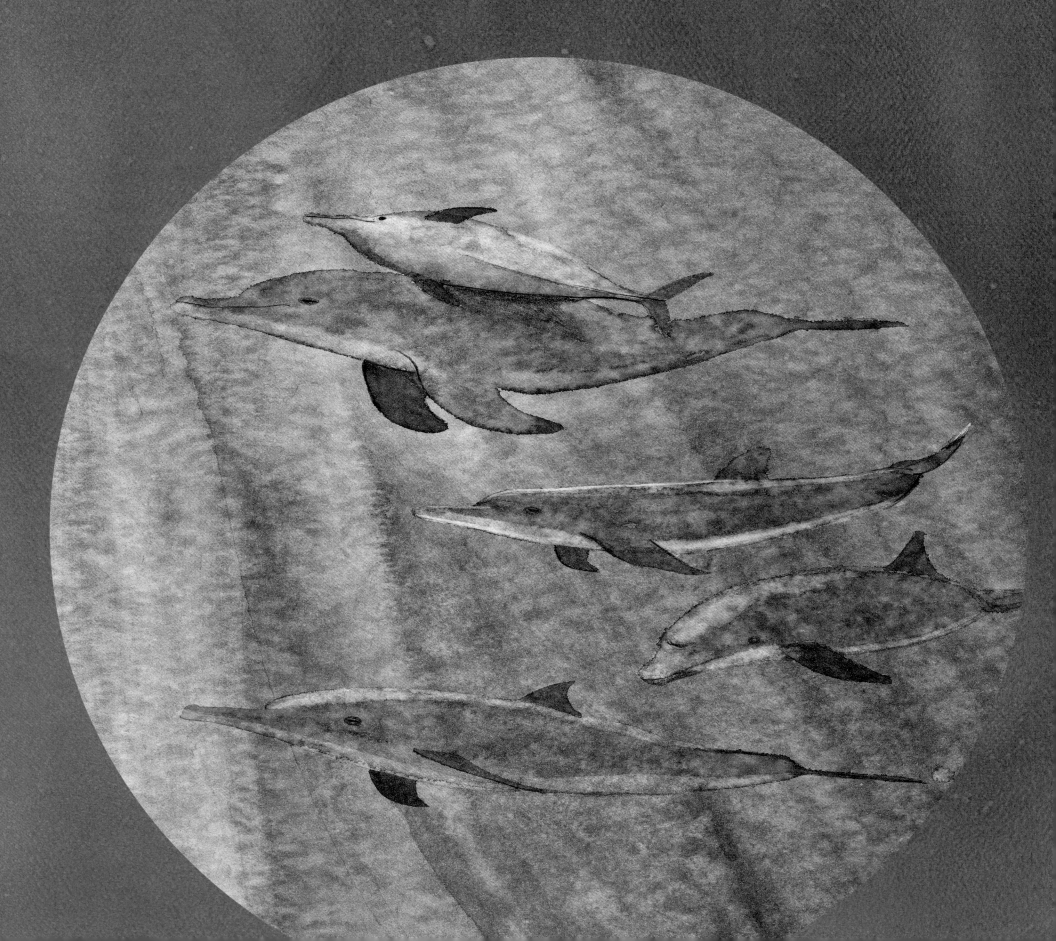

鮪魚是真正的馬拉松運動員，牠是海中
速度最快的魚，可以用時速五十公里的
速度游很長的距離，而且耐力不凡。
鮪魚注定要永遠奔波不息，因為牠的嘴
太小，唯有快速游動才能提高含氧水通
過鰓的效率，若是停止游泳，牠便會窒
息而死。

根據科學家的看法，鯨魚的始祖應該是
陸地上的哺乳動物，隨著時間推移，適
應了水中生活，毛髮和頸項形狀消失
了，後腿也退化了，聽覺器官的功能轉
換，尾巴也變形成為一條橫向的巨鰭，
成為推進器。
鯨魚和人類的皮膚有些相似處，使得我
們對人類起源產生了一種假設，認為人
類曾有過一段重要的水中演化過程。

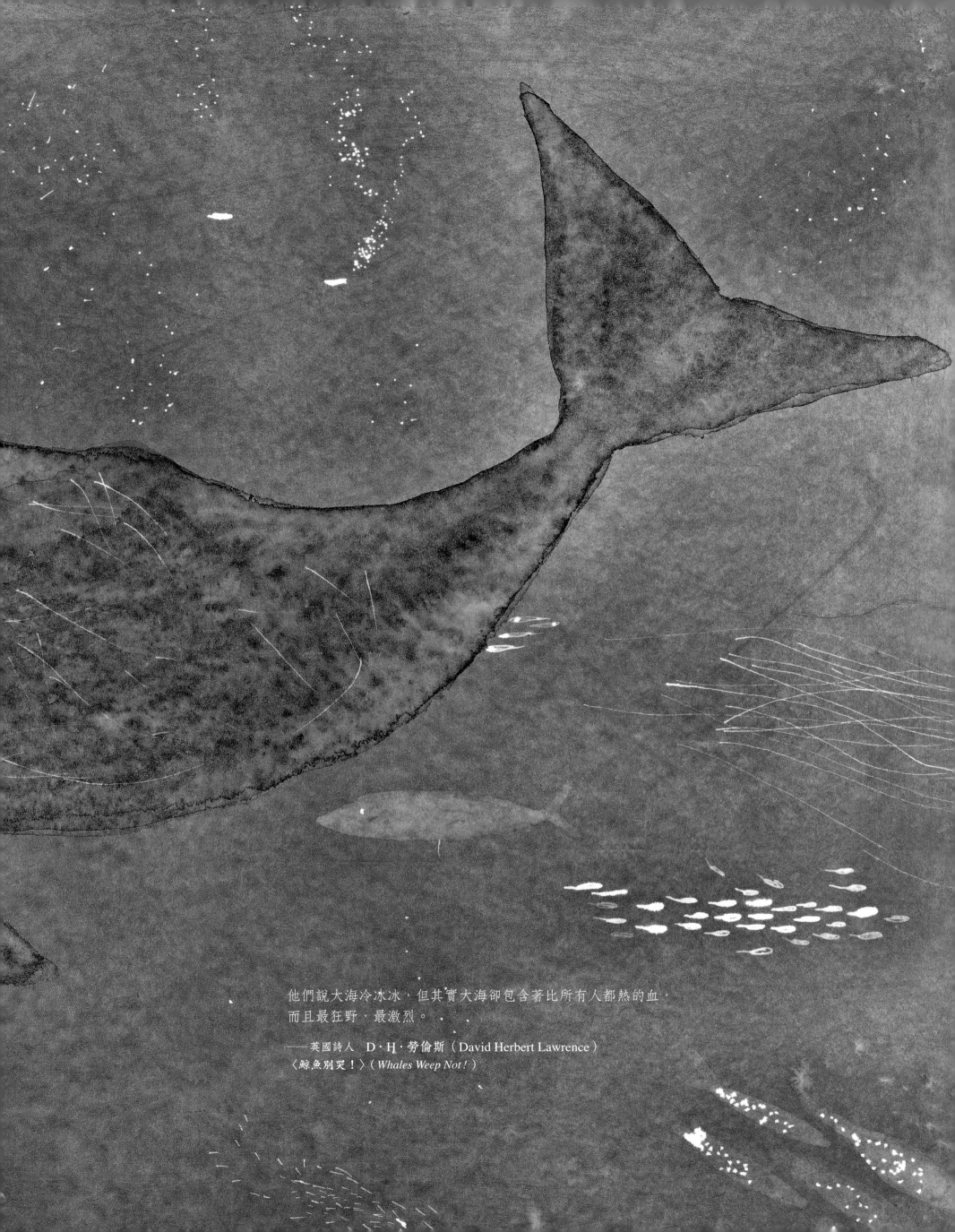

他們說大海冷冰冰，但其實大海卻包含著比所有人都熱的血，
而且最狂野，最激烈。 . .

——英國詩人　D·H·勞倫斯（David Herbert Lawrence）
〈鯨魚別哭！〉（*Whales Weep Not !*）

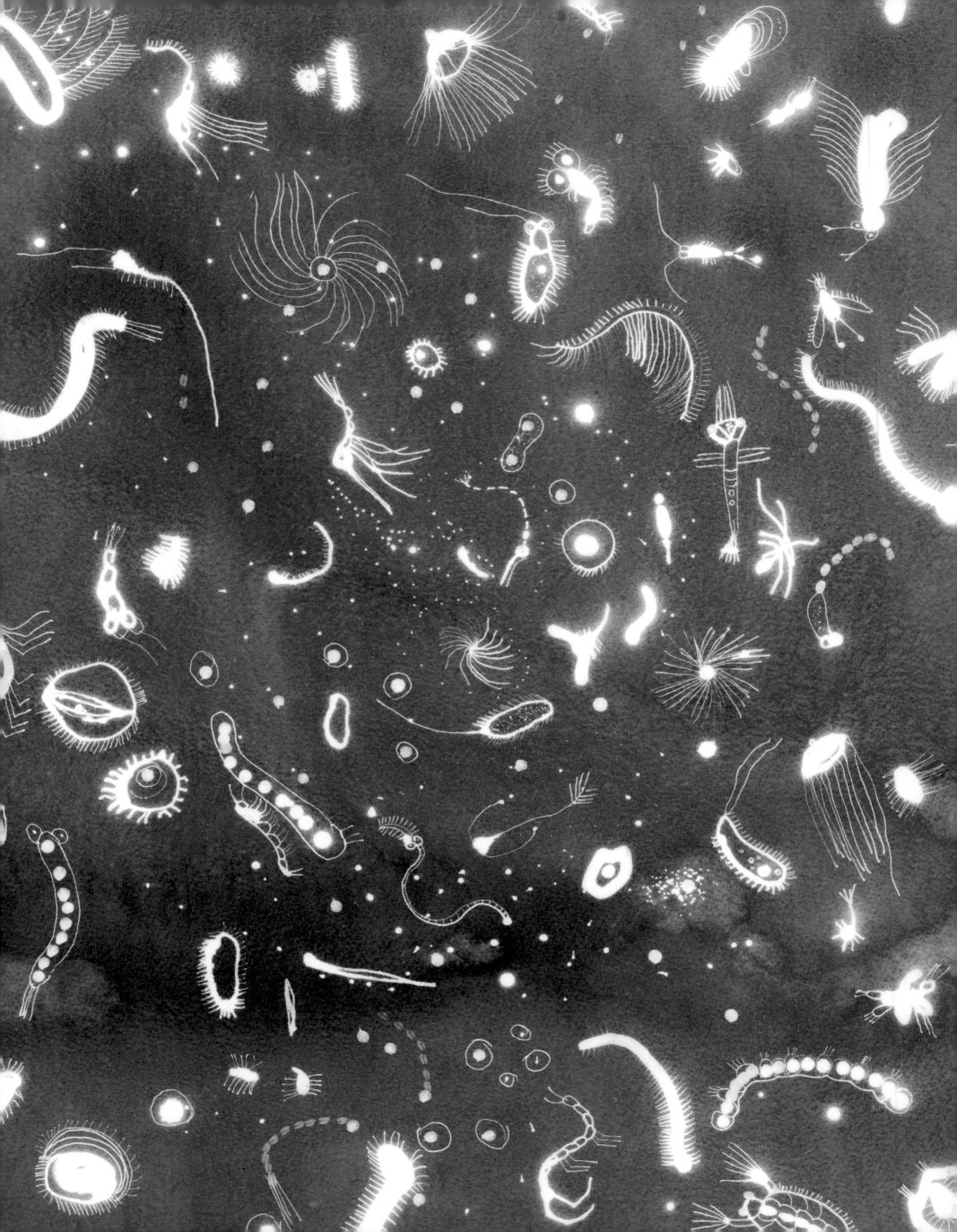